Julia Hock

Essstörungen: Klassifikation, Diagnostik, Epidemiologie, Ursachen, Therapie

GRIN Verlag

Bibliografische Information der Deutschen Nationalbibliothek:

Die Deutsche Bibliothek verzeichnet diese Publikation in der Deutschen National-
bibliografie; detaillierte bibliografische Daten sind im Internet über http://dnb.d-
nb.de/ abrufbar.

Impressum:

Copyright © 2011 GRIN Verlag GmbH
Druck und Bindung: Books on Demand GmbH, Norderstedt Germany
ISBN: 978-3-656-41250-2

Dieses Buch bei GRIN:

http://www.grin.com/de/e-book/212810/essstoerungen-klassifikation-diagnostik-
epidemiologie-ursachen-therapie

Essstörungen

Klassifikation, Diagnostik, Epidemiologie, Ursachen, Therapie

Julia Hock

Pädagogische Hochschule Freiburg
2011

1

Inhaltverzeichnis

Einleitung

„Du musst dünn sein."

Es ist eine klare und direkte Botschaft, die Medien und Gesellschaft gegenwärtig verbreiten. Nicht nur Schlanksein ist das Ziel, sondern so dünn wie möglich soll der moderne Mensch sein. Jedes Gramm Fett ist hässlich, und Stars, die es wagen mit herausblitzendem „Speck" an Bauch, Po und Hüften in die Öffentlichkeit zu treten, lösen Protestwellen in Zeitschriften und Magazinen aus.

Der Schönheitsideal lautet „Size Zero".

Schlanke Menschen gelten als kontrolliert und diszipliniert, fit und schön (vgl. Hauner/Reichart 2004: 73 ff.).

Besonders Kinder und Jugendliche lassen sich von den Botschaften aus den Medien beeinflussen. Mehr als die Hälfte aller 13 – 14jährigen beantworten die Frage, ob sie gerne dünner wären, mit Ja (vgl. Cremer 2009: 3).

Zur selben Zeit zeigen statistische Erhebungen, dass die Zahl der Personen, die an Essstörungen erkrankt sind, während den letzten Jahrzehnten gestiegen ist (vgl. Gaebel/Falkai 2000: 13).

Eine Essstörung ist eine Sucht, Nahrung ist ihre Droge.

Sie ist „ein Teufelskreis, der bei der Kontrolle des Essverhaltens beginnt und bis hin zur völligen Selbstzerstörung führen kann" (Hauner/Reichart 2004: 87).

1. Definitionen und Klassifikation der einzelnen Essstörungen

Oft beginnt eine Essstörung mit weniger essen um die eigene Unzufriedenheit auszugleichen oder persönliche Lücken zu füllen, aber im Laufe der Zeit wird das eigene Körpergewicht dann zum einzigen Thema im Leben der Erkrankten (vgl. Hauner/Reichart 2004: 77f). Somit kann schon eine Diät der Auslöser für die Entwicklung einer Essstörung sein (vgl. Baeck 1994: 9). Besonders auffällig ist dies bei den Personen, die an einer Binge-Eating-Störung leiden: Unter Ihnen haben 75% vor ihrer Krankheit eine oder mehrere Diäten ausprobiert (vgl. Baeck/Sidi-Jacoub 2010: 27). Andere Auslöser sind zudem Neckereien oder Bemerkungen bezüglich der Figur von Familienmitgliedern, Lehrern, Freunden oder Trainern sowie konfliktreiche Trennungen und Veränderungen (vgl. Baeck 1994: 11).

Das ICD-10 („International **C**lassification of **D**iseases") unterscheidet zwischen den Hauptkrankheitsbildern Anorexia nervosa und Bulimia nervosa, sowie den kleineren Gruppen (da nicht so häufig) der atypischen Essstörungen und der Binge-Eating-Störungen.

Bei allen diesen Formen weisen die Betroffenen jedoch eine starke Unzufriedenheit mit dem eigenen Körper (vgl. Munsch 2007: 24) verbunden mit einer Störung der Körperwahrnehmung auf (vgl. DIMDI 2010: 294).

1.1 Anorexia nervosa ICD 10 - F 50.0

„Das gängige Schönheitsideal macht es schwer, zu sehen, ob jemand eigentlich noch schlank bzw. doch schon stark untergewichtig ist." (Baeck 1994: 18)
Allgemein gilt eine Person als magersüchtig, sobald sie den BMI-Wert von 17,5 unterschreitet. Allerdings ist der BMI nicht das einzige Kriterium, das für die Erstellung der Diagnose gelten darf, vielmehr entscheidet die körperliche und seelische Verfassung, ob jemand an Anorexie erkrankt ist oder nicht (vgl. Hauner/Reichart 2004: 86 f.).
Für die Bestimmung des Normalgewichts bzw. Untergewichts bei Kindern gelten die Werte der Referenz-Körpergewichtstabelle. Magersucht kennzeichnet sich durch eine starke, selbst verursachte Gewichtsabnahme bis

zu 20% des Ursprungsgewichts in sehr kurzer Zeit (Vgl. Baeck 1994: 13 – 18). Die Folge davon ist ein äußerst niedriges Körpergewicht, das mindestens 15 % unter dem „Normalgewicht" liegt (vgl. Hauner/Reichart 2004: 78). Der Gewichtsverlust wird entweder nur durch andauerndes Hungern und strenge Diät oder durch zusätzliche aktive Maßnahmen wie exzessive körperliche Aktivität, dem Gebrauch von Abführmitteln und Diuretika oder Erbrechen erzielt (vgl. Baeck 1994: 19). Manchmal erleiden Betroffene auch zeitweise Essanfälle, die sie anschließend allerdings sofort wieder mit starken Einschränkungen der Nahrungsmittelzufuhr beantworten (vgl. Munsch 2007: 24). Erkrankte Personen zeigen im Allgemeinen großes Interesse an Essen, Kochen und Ernährung ohne jedoch selbst Nahrung zu sich zu nehmen.

Sie haben meist einen sehr hohen Tee- und Kaffeekonsum und verzehren übermäßig viel Kaugummi um ihrem Körper einen Essensersatz zu geben (vgl. Jacob 2003: 54).

Auffallend ist zudem, dass Magersüchtige meist perfektionistisch veranlagt sind und gleichzeitig eine gewisse Hyperaktivität aufweisen. Auch wenn Betroffene in der ständigen Angst vor dem Dickwerden leben, sich andauernd wiegen und kontinuierlich über Essen und ihre Figur nachdenken, fehlt ihnen, vor allem in frühem Krankheitsstadium, jedoch jegliche Krankheitseinsicht (vgl. Baeck/Sidi-Jacoub 2010: 17).

1.2   Bulimia nervosa ICD 10 F 50.2

Bulimie ist auf den ersten Blick nicht so leicht erkennbar wie Anorexie, denn Betroffene befinden sich im Regelfall eher im Bereich des Normalgewichts.

Bulimieerkrankte leiden an Heißhungeranfällen, die mindestens zweimal pro Woche über eine Dauer von mindestens 3 Monaten auftreten, während welchen sie unkontrolliert riesige Mengen an Nahrung in kürzester Zeit verschlingen (vgl. Baeck 1994: 20 f.).

Während den 15minütigen bis 4stündigen Heißhungerattacken werden größtenteils leicht verzehrbare und hoch kalorienreiche Lebensmittel im Ausmaß des Inhalts von zum Beispiel zwei Einkaufstüten aufgenommen (vgl. Baeck/Sidi-Jacoub 2010: 22 – 28).

Um durch die übermäßige Nahrungsaufnahme kein Gewicht zuzunehmen, versuchen Bulimieerkrankte ihre Essanfälle anschließend entweder durch selbst induziertes Erbrechen, die Einnahme von Diuretika, Abführmitteln oder Appetitzüglern, Hungern oder exzessive Bewegung zu kompensieren (vgl. Baeck 1994: 21).

Betroffene zeigen, wie bei der Magersucht, ebenfalls großes Interesse an Essen, Kochen und Kalorien. Während Mahlzeiten trinken sie auffallend viel um sich das Erbrechen zu erleichtern (vgl. Jacob 2004: 58).

Bulimiker als auch Magersüchtige haben eine „Schwarz-Weiß-Haltung", das bedeutet in ihren Ansichten und Entscheidungen existieren nur zwei Extreme ohne Spielräume in der Mitte (vgl. Baeck 1994.: 22). Ihre eigene Selbstbewertung hängt nahezu ausschließlich von ihrem Gewicht und ihrer Figur ab (vgl. Jacob 2003: 56). Betroffene versuchen nach außen hin immer, den „schönen Schein" zu wahren, sind sehr gepflegt und essen in der Öffentlichkeit sehr kontrolliert, im Spätstadium kann es dann allerdings zum Teil auch zu äußerer Verwahrlosung kommen.

Häufig entwickelt sich aus einer Magersucht später eine Bulimie, meistens wechseln sich die beiden Krankheitsbilder jedoch ab oder gehen ineinander über (vgl. Baeck 1994: 20 f.).

1.3   Binge-Eating-Disorder

„Binge" bedeutet „schlingen" auf Englisch und beschreibt den regelmäßigen Verzehr von enormen Essensmengen ohne Kontrolle oder Hungergefühl. Ein solcher Essanfall kann bis zu einem Tag andauern. Im Gegensatz zur Bulimie wird allerdings nach einem Essanfall nicht mit entgegenwirkenden Maßnahmen reagiert (vgl. Baeck/Sidi-Jacoub 2010: 26 ff.).

Nach außen hin scheinen Betroffene zufrieden und ausgeglichen. Aus Scham nehmen sie in der Öffentlichkeit keine Nahrung zu sich (vgl. Jacob 2003: 60), zuhause essen sie dann alleine bis zum absoluten Völlegefühl (vgl. Baeck/Sidi-Jacoub 2010: 26) und vergessen, wie viel sie tatsächlich verschlungen haben (vgl. Jacob 2003: 60).

Binge-Eating ist Resignation auf extreme Weise, für Erkrankte stellt Essen den Ersatz für alle versteckten Gefühle dar. Gleichzeitig leiden sie sehr an ihrem schlechten Gewissen und bereuen ihr heimliches Essen im Nachhinein.

Personen mit Binge-Eating-Disorder sind nahezu immer adipös, allerdings leidet nicht jeder Übergewichtige auch unweigerlich an einer Essstörung. Adipositas ist häufiger ein Überessen ohne Kontrollverlust (vgl. Munsch 2007: 24).

Eine Sonderform der Binge-Eating-Störung ist die latente Esssucht: Sie ist gekennzeichnet durch einen phasenhaften Wechsel zwischen geregelter Nahrungszufuhr und Binge-Eating (vgl. Baeck 1994: 16).

Während den geregelten Phasen halten Betroffene meist strikte Diät (vgl. Baeck/Sidi-Jacoub 2010: 26) oder ernähren sich sehr ausgewogen, diese werden jedoch durch Essanfälle immer wieder unterbrochen.

Die sich daraus ergebenden Gewichtsschwankungen führen zu einer starken Belastung des Kreislaufs. Die größte Gefahr der latenten Esssucht ist allerdings die Entwicklung einer anderen Essstörung wie Bulimie oder Magersucht im Versuch die Essanfälle einzuschränken oder zu verhindern (vgl. Baeck 1994: 16).

1.4 Atypische Essstörungen

Häufig gibt es auch Überkreuzungen zwischen mehreren Krankheitsbildern oder Übergänge zwischen den unterschiedlichen Formen. Diese Essstörungen werden dann als atypisch bezeichnet, denn sie erfüllen nicht alle Kriterien um zur Bulimie, Anorexie oder Esssucht zugeordnet werden zu können (vgl. DIMDI 2010: 294).

Im Folgenden werden einige der häufigsten Beispiele genannt, aber es gibt noch zahlreiche andere Varianten von atypischen Essstörungen.

Ein oftmals anzutreffendes Phänomen ist das "zwanghafte Diäten", eine Störung, bei der sich mit der Zeit der Zwang entwickelt auf Dauer eine Diät einhalten zu müssen.

Zwei andere miteinander verwandte Formen sind auch die Athletica nervosa (vgl. Jacob 2003: 60 ff.) und die Biggerexie (vgl. Cremer 2008: 17). Beide

Erkrankungen sind begleitet von einer Essstörung, ihr Fokus liegt allerdings auf Fitness (Athletica nervosa) beziehungsweise Muskelaufbau (Biggerexie).

Während Betroffene also täglich stundenlang trainieren um „körperlich fit" oder „muskulös" zu sein, haben sie gleichzeitig einen strikten Ernährungsplan, der vermeintlich dazu beiträgt, dieses Ziel schneller zu erreichen. Besonders bei der Athletica nervosa ist die Nahrungszufuhr in extremen Fällen auf eine minimale Verzehrmenge, vergleichbar mit der Anorexie, gekürzt (vgl. Jacob 2003: 60 ff.).

Weitere unspezifische Essstörungen sind nächtlicher Heißhunger („Night Eating Syndrome"), selektives Essen (strenge Vorschriften über erlaubte und unerlaubte Speisen), das Kauen-Ausspucken-Syndrom, Kau- & Schluckstörungen, sowie Orthorexie (sehr starre Regeln, nur „gesunde" Nahrungsmittel zu verzehren) (vgl. Jacob 2003: 62 f.).

2.   Diagnostik

Bei der Diagnostik einer Essstörung ist es äußerst wichtig, dass der Therapeut eine vertrauensvolle und auf gegenseitigem Respekt aufbauende Beziehung mit dem Patienten eingeht. Die Behandlung einer Essstörung erfordert viel Feingefühl, da meist erschwerend hinzukommt, dass Patienten, besonders im frühen Krankheitsstadium, noch keine oder nur geringe Krankheitseinsicht zeigen (vgl. Gaebel, Falkai 2000: 17).

Zur Diagnostik ist eine Untersuchung der körperlichen, ernährungs-physiologischen, psychischen und familiären Gegebenheiten erforderlich.

Im Folgenden wird nur auf die wichtigsten Merkmale der Befunderhebung eingegangen, neben den genannten Beispielen gibt es aber selbstverständlich noch einige andere, die überprüft werden müssen um eine umfassende Diagnose erstellen zu können.

Zur Erstellung der Diagnose können als Hilfsmittel einerseits Fragebögen zu Ernährungsverhalten, Einstellungen oder psychischen Belastungen, andererseits (halb)standardisierte Interviews verwendet werden (vgl. Gaebel, Falkai 2000: 17 ff.).

2.1   körperlich

Erstes körperliches Merkmal, das untersucht werden sollte, ist Gewicht und Größe sowie deren zurückliegende Entwicklung. Oftmals lässt der BMI als erster Bewertungsmaßstab schon eine vorläufige, wenn auch noch nicht differenzierte, Einordnung des Patienten zu.

Zudem sind Laboruntersuchungen notwendig um das Blutbild sowie den Elektrolythaushalt zu untersuchen, bei Frauen ist ein weiteres Merkmal die Zyklusregelmäßigkeit. In der Differenzialdiagnose muss auch abgeklärt werden, ob die Symptome nicht durch eine andere Krankheit wie zum Beispiel Diabetes mellitus oder eine depressive Störung mit Appetitverlust ausgelöst werden (vgl. Gaebel, Falkai 2000: 17 ff.).

2.2   Ernährungsanamnese

Erforderlich ist außerdem die Untersuchung der aktuellen Ernährungssituation, also die Vermeidung von bestimmten Nahrungsmitteln, die gegenwärtige Nahrungszufuhr und spezielle Nahrungsvorlieben. Zusätzlich muss auch bestimmt werden, wie häufig und in welchem Ausmaß Essanfälle auftreten und ob und wie häufig Betroffene selbst induziert erbrechen.

Befragungen müssen des Weiteren die Einnahme von entgegensteuernden Mitteln wie Laxantien, Diuretika und Appetitzüglern, sowie den Konsum von Zigaretten, Alkohol und Drogen erforschen (vgl. Gaebel, Falkai 2000: 17 ff.).

2.3   psychisch

Besonders die psychische Anamnese gibt großen Aufschluss über das Ausmaß und die genaue Art der Erkrankung.

Eines der auffälligsten zu untersuchenden Kennzeichen ist die verzerrte Körperwahrnehmung und die ständige Unzufriedenheit mit dem eigenen Körper. Besonders Magersüchtige sehen Schlankheit als Vorraussetzung für die Anerkennung durch ihre Mitmenschen (vgl. Baeck 1994: 13 ff.).

Auch müssen zwanghaftes Verhalten bezüglich Ernährung und Bewegung, psychische und soziale Einschränkungen (vgl. Gaebel, Falkai 2000: 17 ff.), sowie Veränderung der Persönlichkeit wie zum Beispiel Antriebsschwäche, Resignation, gesteigerte Aggression oder ständige Unruhe beobachtet werden (vgl. Baeck 1994: 15).

Erkrankte zeigen häufig komorbide Störungen wie Angststörungen, Selbstmordgedanken und Selbstverletzungen oder sonstige Persönlichkeitsstörungen, welche zur Intervention der Essstörung unbedingt bekannt sein müssen um sie adäquat behandeln zu können.

Auch sollte abgeklärt werden, ob der Patient oder die Patientin in der Vergangenheit Opfer eines sexuellen Missbrauches geworden ist (vgl. Gaebel, Falkai 2000: 17 ff.).

2.4 Familienanamnese

Eine Familienanamnese kann sehr sinnvoll sein, denn wie später in Kapitel 4.4 genauer ausgeführt, ist der Auslöser für eine Essstörung sehr häufig in der Familie zu lokalisieren. Um einen mehrdimensionalen Überblick über die Gesamtsituation des oder der Erkrankten zu erzielen, ist es somit wichtig, Informationen über eventuell bestehende Essstörungen oder psychische Störungen in der Familie zu gewinnen. Weitere Punkte sind die allgemeine Einstellung zu Essen und Sport und die Interaktions- und Kommunikationsstruktur, die in der Familie vorherrscht (vgl. Gaebel, Falkai 2000: 18).

3.   Epidemiologie

Allgemein ist die Gefahr an einer Essstörung zu erkranken in der Pubertät am größten (vgl. Baeck/Sidi-Jacoub 2010: 6), allerdings erkranken die meisten Bulimiker zwischen 20 – 30 Jahren (vgl. ebd.: 23).

Schätzungen besagen, dass Anorexie bei 0,5 – 2 % und Bulimie bei 2 - 5 % der Bevölkerung vorkommt. Models, Tänzer/-innen und Sportler haben das höchste Risiko an Anorexie oder Bulimie zu erkranken (vgl. Gerlinghoff/Backmund 1999: 28). An einer Binge-Eating-Störung leiden 1 – 3 % aller Deutschen und immerhin 30% aller adipösen Menschen haben gleichzeitig auch eine Esssucht (vgl. Munsch 2007: 20 ff.).

3.1   Mädchen

Im Durchschnitt beginnt eine Essstörung bei Mädchen und jungen Frauen zwischen 15 und 25 Jahren (vgl. Gerlinghoff/Backmund 1999: 58). In den westlichen Industrieländern leidet 1% der Mädchen an Magersucht, 4% gelten als gefährdet, eine solche zu entwickeln. Allgemein tritt Anorexie 10- bis 15-mal häufiger bei Mädchen auf als bei Jungen (vgl. Baeck 1994: 18) und ist zunehmend auch bei jüngeren Kindern anzutreffen (vgl. Jacob 2003: 51). Jede 20. Frau zwischen 15 und 50 Jahren leidet an Bulimie, besonders hoch ist die Anzahl bulimischer Studentinnen (vgl. Baeck 1994:20).

Insgesamt zeigen 28,9% der Mädchen zwischen 11 und 17 Jahren in Deutschland Symptome von gestörtem Essverhalten (vgl. Baeck/Sidi-Jacoub 2010: 8).

3.2   Jungen

Essstörungen werden bei Jungen seltener bemerkt als bei Mädchen, da sie weitaus weniger über ihre Probleme sprechen, tatsächlich ist aber jeder 12. Betroffene männlich, also circa 90.000 Männer in Deutschland (vgl. Cremer 2008: 3). Besonders Essanfälle sind unter Männern stark verbreitet (vgl. Pope/Phillips/Olivardia 2001.: 190 f.), aber auch bei Bulimie ist der männliche

Anteil recht hoch: Insgesamt ist jeder 4. Bulimieerkrankte männlich (vgl. Baeck/Sidi-Jacoub 2010: 6). Die Zahlen der magersüchtigen Männer steigen ebenfalls (vgl. Jacob 2003: 51), so dass gegenwärtig etwa jeder 10. Magersüchtige männlich ist (vgl. Baeck/Sidi-Jacoub 2010: 6). Allerdings wollen Männer eher schlank sein und gleichzeitig viele Muskeln haben (vgl. Jacob 2003.: 55), was dazu führt, dass ihre Körperwahrnehmungsstörungen letztendlich häufiger in einer Biggerexie als einer Anorexie enden (vgl. Cremer 2008: 2).

Insgesamt zeigen 15,2% der Jungen zwischen 11 und 17 Jahren in Deutschland Symptome von gestörtem Essverhalten (vgl. Baeck/Sidi-Jacoub 2010:).

4.   Ursachen

„Wer süchtig wird, will damit irgendeiner Seelennot ausweichen." (Baeck 1994: 8)

Fast immer stellt eine Essstörung den Versuch dar, Konflikte, Stress und psychische Belastungen zu bewältigen und ist somit Flucht oder Ausweg, Ablehnung, Protest oder Hilfeschrei (vgl. Baeck/Sidi-Jacoub 2010: 6). Die genauen Ursachen sind allerdings sehr vielfältig und lassen sich nur schwer im Detail ergründen (vgl. Baeck 1994: 10).

4.1   Soziokulturelle (Medien und Gesellschaft)

Der Schlankheitswahn trifft tagtäglich und überall auf Jugendliche und Kinder. Schlanke Menschen in den Medien stehen symbolisch für gutes Aussehen, Glück, Erfolg und Fitness (vgl. Hauner/Reichart 2004: 73 f.).

Durch Spielzeuge mit übertrieben weiblichem oder männlichem Körper wie „Barbie" oder „Superman" und Zeichentrickserien mit unnatürlich proportionierten Figuren wie den japanischen Animees, prägen sich diese künstlichen Körperschemata schon in der Kindheit als Schönheitsideal ein. Diese Überflutungen mit vermeintlichen Schönheitsvorstellungen führen dazu, dass die Kinder und Jugendlichen ihren eigenen Körper als peinlich und fremd wahrnehmen.

Wolfgang Bergmann beschreibt es in seinem Buch „Das Drama des modernen Kindes" sehr passend: „Sie haben sich noch nicht zu lieben gelernt, da wissen sie schon, dass sie nicht liebenswert genug sind." (Bergmann 2003: 61 f.)

4.2   Biologische/körperliche

Auch körperliche Ursachen können eine Rolle bei der Entwicklung einer Essstörung spielen. Wenn zum Beispiel ein Säugling schon im frühen Alter von den Eltern über- oder unterversorgt wird, ist es wahrscheinlich, dass der Körper dieses Essverhalten bis ins Erwachsenenalter beibehält (vgl. Baeck 1994: 10). Auch Nahrungsunverträglichkeiten und Allergien können zur Folge haben, dass sich aus einer Vermeidung bestimmter Lebensmittel mit der Zeit eine ungesunde Beschäftigung mit dem Thema Essen entwickelt. In der Pubertät kann ein Auslöser zudem auch die Veränderung des Körpers und die damit zusammenhängende Angst vor dem Erwachsen- werden und Altern sein (vgl. Jacob 2003: 66).

4.3   Persönlichkeitsspezifische/psychologische

Bei dem Vergleich von Anorexie- und Bulimiepatienten fällt eine Reihe von Charaktereigenschaften auf, die offensichtlich eine Parallele zwischen den Betroffenen darstellen. Hoher Ehrgeiz, Leistungsorientiertheit, Zuverlässigkeit sowie das Bestreben der/die Beste, Gehorsamste, Vernünftigste zu sein, kennzeichnen oftmals die Persönlichkeit von Personen mit Magersucht und Bulimie. Durch ihren eisernen Ehrgeiz streben sie nach Liebe und Anerkennung und dieser Wille ist so stark, dass er alle anderen menschlichen Bedürfnisse überlagert (vgl. Bergmann 2003: 54). Zudem weisen Betroffene ein mangelndes Selbstbewusstsein und hohe Selbstunsicherheit auf (vgl. Baeck 1994: 10 f.) und nur die Kraft, nicht essen zu müssen, gibt ihnen das Gefühl von Macht, Reinheit und Einzigartigkeit (vgl. ebd.: 18 ff).

Um nach außen hin „ideal" und „perfekt" zu scheinen und sich selbst die eigene Disziplin zu beweisen, halten sie die totale Dauerkontrolle aufrecht (vgl. Jacob 2003: 64). Wenn sie es allerdings nicht schaffen, besser als alle anderen zu sein oder eine Aufgabe zu bewältigen, dient das Nicht-Essen als Selbstbestrafung, der Wille „lenkt und zwingt den Körper" (Bergmann 2003: 57). Der Körper wird zunehmend als „wertlos" betrachtet. Auf der einen Seite wollen Betroffene der Welt entschwinden, weil sie ihr und ihren Anforderungen in ihren Augen nicht standhalten, auf der anderen Seite denken sie, kein Recht auf das Leben zu haben, weil sie gewisse Leistungserwartungen nicht erfüllen können. Der Körper wird als „Kunstwerk" betrachtet, denn nur durch ihn schaffen sie es vermeintlich, Anerkennung von anderen Menschen zu erzielen (vgl. ebd.: 56 f.). Personen mit Esssucht passen eher selten in dieses Persönlichkeitsschema. Allerdings sind auch bei ihnen schon in der Kindheit problematische Verhaltensmuster bezüglich Essen vorhanden. Wo bei Anorexie die Nahrungsverweigerung der Problemlöser ist, ist es bei Bulimie und Binge-Eating-Disorder die Nahrungsaufnahme (vgl. Munsch 2007: 26), die durch den Kontrollverlust zu einem kurzzeitigen Gefühl von „Problemfreiheit" führt (vgl. ebd.: 11).

4.4   Familiäre

Einen sehr großen, wenn nicht sogar den größten, Einfluss auf die Ausprägung einer Essstörung hat das familiäre Umfeld. Eltern sind immer Vorbilder für ihre Kinder, somit werden viele Gewohnheiten von den Eltern übernommen.
Wenn zum Beispiel eine Mutter einen ausgeprägten Schlankheitswahn hat, ist es sehr wahrscheinlich, dass ihre Tochter diesen auch entwickelt, wenn beide Eltern übergewichtig sind und falsche Ernährungsgewohnheiten zeigen, ist es wahrscheinlicher, dass das Kind an einer Esssucht erkrankt (vgl. Bergmann 2003: 64).
In vielen Biographien von Menschen mit Essstörungen lassen sich Parallelen in den familiären Beziehungsstrukturen finden. Übermäßig harmonische Familien, die viel Wert auf Zusammengehörigkeit legen und Konflikte lieber abweisen anstatt sie zu bewältigen sind oftmals die Ausgangsbasis (vgl. Bergmann 2003:

31). Nach außen soll die „perfekte" Familie, die „heile" Welt dargestellt werden um die gesellschaftlichen Normen und Werte zu erfüllen. Allerdings führt diese Fassade vom Familienidyll dazu, dass Kinder und Jugendliche ihre Emotionen innerhalb der Familie schlechter oder gar nicht ausdrücken können (vgl. Baeck 1994: 29 ff.).

Eine weitere Parallele ist der hohe Leistungsgedanke innerhalb der Familie. Strenge und stark leistungsbetonte Eltern wollen, dass ihre Kinder der schlaueste, talentierteste, und gehorsamste Nachwuchs ist und übergeben ihnen somit schnell mehr Verantwortung als diese tragen können. Oftmals sind Personen, die eine Essstörung entwickelt haben, schon als Kinder übergehorsam, ordnungssüchtig und extrem angepasst. Ihre Angst zu versagen und ihre Bemühungen die Liebe und Anerkennung ihrer Eltern zu gewinnen, werden von jenen als Vernunft und Fleiß gedeutet (vgl. Bergmann 2003: 54 ff.). Weitere problematische Beziehungsstrukturen erschweren die Situation für Heranwachsende noch zunehmend. Familienmitglieder hören sich nicht richtig zu, Botschaften werden indirekt formuliert und Probleme heruntergespielt (vgl. Baeck 1994: 29 ff.). Kinder erleben „emotionale Wechselbäder" (ebd.: 48) zwischen Entwertung, Frustration und Ängstlichkeit, Harmonie und Loyalität und Vernunft, Pflichtbewusstsein und Leistung (vgl. ebd. 34 – 48).

4.5 Sexueller Missbrauch

Sexueller Missbrauch ist allgemein sehr häufig die Ursache für die Entwicklung einer psychischen Störung, angefangen von Phobien und Zwangsstörungen bis hin zu Schlafstörungen und Suchtverhalten. Durch die traumatischen Erfahrungen beginnen Betroffene ihren Körper feindlich zu betrachten oder sogar zu hassen.

Tatsächlich waren oder sind 50% aller Personen mit Essstörungen Opfer von sexuellen Gewalterfahrungen (vgl. Baeck 1994: 11).

Zusammenfassend lässt sich sagen, dass Essstörungen immer als Coping-Strategien wirken. Sie verschaffen den Betroffenen Kontrolle (Anorexie, Athletica nervosa, selektives Essen, Diäthalten) und geben ihnen somit das

Gefühl von Triumph, Macht und Erfolg. Sie ermöglichen es Erkrankten, kurzzeitig aus ihrem Körpergefühl auszubrechen (Esssucht, Bulimie) und helfen somit, Probleme zu vergessen. Sie erlauben eine „Entleerung" des Körpers (Bulimie, Anorexie) und wirken dadurch als Reinigungsaktion von schlechten Gefühlen (vgl. Jacob 2003: 63).

5.   Therapiemöglichkeiten

Egal um welche Art von Essstörungen es sich handelt, Betroffene brauchen immer eine therapeutische, psychosoziale und zum Teil auch medizinische Behandlung, manchmal ist auch eine Betreuung der Angehörigen sehr empfehlenswert (vgl. Baeck/Sidi-Jacoub 2010: 30). Allgemeine Ziele der Therapie sind die Abwendung akuter Lebensgefahr, das Erlangen einer prinzipiellen Behandlungsmotivation und eines regelmäßigen Essverhaltens, die Normalisierung der Körperwahrnehmung und die Mitbehandlung von komorbiden Störungen (vgl. Gaebel/Falkai 2000: 21).

Als erste Vorrausetzung bedarf zunächst der Krankheitseinsicht des oder der Betroffenen, da die Therapie nur dann wirklich effektiv ist, wenn sie aus freiem Willen des Patienten geschieht. Am einfachsten fällt die Krankheitseinsicht den Betroffenen häufig über die Identifikation mit anderen Betroffen im persönlichen Gespräch oder über diverse Medien.

Medizinische Betreuung ist als kontinuierliche Begleitmaßnahme vor allem bei Magersucht und Bulimie zur Verhinderung von chronischen Erkrankungen oder Mangelerscheinungen notwendig, sie ersetzt aber keinesfalls eine Therapie.

Zur tatsächlichen therapeutischen Behandlung bieten sich dann verschiedene Möglichkeiten. Eine stationäre Therapie ist erforderlich, wenn eine an Magersucht erkrankte Person weniger als 55 – 60% ihres Idealgewichts wiegt (vgl. Baeck 1994: 61 – 78) beziehungsweise einen BMI < 15 hat, sowie bei allen Personen, die eine ausgeprägte Komorbidität aufweisen. Bei der stationären Behandlung liegt der Fokus dann zunächst auf der Normalisierung des Gewichts und der Behandlung der komorbiden Störungen.

Für alle anderen Patienten empfiehlt sich zur Ernährungsrehabilitation eine ambulante Psychotherapie (vgl. Gaebel/Falkai 2000: 22 - 29). Diese kann entweder als Gruppen- oder Einzeltherapie erfolgen, besonders bei einer konfliktreichen Beziehung der Familienmitglieder oder einer problematischen familiären Situationen kann die Familie durch eine Familientherapie miteinbezogen werden.

Therapieformen können die klientenzentrierte Gesprächspsychotherapie, Psychoanalyse, Verhaltenstherapie, Körpertherapie oder Selbsthilfe sein. Besonders Selbsthilfegruppen sind im Laufe der letzten Jahrzehnte immer beliebter geworden, da Betroffene durch sie lernen, Eigenverantwortung für sich und ihren Körper zu übernehmen. Man unterscheidet angeleitete und klassische (ohne professionelle Anleitung) Selbsthilfe (vgl. Baeck 1994: 65 – 78). Ein weiterer Ansatz ist die lösungsorientierte Therapie, die sich auf Lösungen und die erwünschte Zukunft der Betroffenen konzentriert und ihre Stärken und Fähigkeiten betont (Empowerment) (vgl. Jacob 2003: 17).

Therapieerschwerend wirkt allerdings, dass Menschen mit Essstörungen häufig zeitgleich komorbide Störungen wie Depressionen (vgl. Baeck 1994: 23) und selbst verletzende Tendenzen (vgl. Bergmann 2003: 57) oder co-abhängiges Verhalten wie Drogen-, Medikamenten- oder Alkoholmissbrauch aufweisen (vgl. Gerlinghoff/Backmund 1999: 30 ff.).

Der Heilungsprozess dauert somit oft viele Jahre (vgl. Cremer 2008: 19), aus diesem Grund ist eine langfristige Nachsorge wichtig und notwendig um das Rückfallrisiko zu senken (vgl. Baeck 1994: 65 – 78).

Literaturverzeichnis

Hauner, Andrea/Reichart, Elke (2004): Bodytalk. Der riskante Kult um Körper und Schönheit. München: Deutscher Taschenbuchverlag

Cremer, Monika (2009): # 4 Die heimliche Sucht. Essstörungen. In: Projekt Gut Drauf (Hrsg.): Bundeszentrale für gesundheitliche Aufklärung. Köln

Cremer, Monika (2008): # 7 Gefährliches Ziel. Traumbody. In: Projekt Gut Drauf (Hrsg.): Bundeszentrale für gesundheitliche Aufklärung. Köln

Baeck, Sylvia/Sidi-Jacoub, Susanne (2010): Essstörungen. Was ist das? In: Initiative Leben hat Gewicht (Hrsg.): Bundeszentrale für gesundheitliche Aufklärung. Köln

Gaebel, W./Falkai, P. (2000): Behandlungsleitlinie Essstörungen. In: Praxisleitlinien in Psychiatrie und Psychotherapie (Hrsg.): Deutsche Gesellschaft für Psychiatrie, Psychotherapie und Nervenheilkunde. Darmstadt: Steinkopff Verlag

Baeck, Sylvia (1994): Essstörungen bei Kindern und Jugendlichen. Ein Ratgeber für Eltern, Angehörige, Freunde und Lehrer. Freiburg im Breisgau: Lambertus Verlag

Munsch, Simone (2007): Das Leben verschlingen? Hilfe für Betroffene mit Binge Eating Disorder (Essanfällen) und deren Angehörige. Weinheim/Basel: Beltz Verlag

Deutsches Institut für Medizinische Dokumentation und Information (Hrsg.) (2011): Internationale statistische Klassifikation der Krankheiten und verwandter Gesundheitsprobleme. 10. Revision

Bergmann, Wolfgang (2003): Das Drama des modernen Kindes. Hyperaktivität, Magersucht, Selbstverletzung. Düsseldorf/Zürich: Patmos Verlag/Walter Verlag

Jacob, Frederike (2003): Essstörungen. Lösungsorientiert überwinden. Dortmund: Borgmann Verlag

Gerlinghoff, Monika/Backmund, Herbert (1999): Schlankheitstick oder Essstörung? Ein Dialog mit Angehörigen. München: Deutscher Taschenbuch Verlag

Pope, Harrison G./Phillips, Katherine A./Olivardia, Roberto (2001): Der Adonis-Komplex. Schönheitswahn und Körperkult bei Männern. München: Deutscher Taschenbuch Verlag, Deutsche Erstausgabe